Mirko Corazzesi

Dio non gioca a dadi

DIO NON GIOCA A DADI

Proprietà letteraria riservata
© 2016 by Mirko Corazzesi

ISBN 978-1-326-62274-9

Prima edizione: Aprile 2016

Prefazione

Sin dal passato, l'uomo ha sempre guardato il cielo con profonda ammirazione. Si è sempre chiesto cosa fossero quei punti luminosi che coprivano interamente la volta celeste. I primi astronomi che cercarono di risolvere il dilemma furono i Greci più di tremila anni fa. Potevano difatti contare su strumenti matematici e geometrici piuttosto avanzati per l'epoca. Colui che spiccò oltre la massa fu Claudio Tolomeo (90 A.C-168 A.C), che elaborò una teoria così perfetta per i suoi tempi, che rimase invariata per oltre quindici secoli. Il globo terrestre posto al centro circondato da acqua, e dove questa terminava si stagliava una sfera di fuoco. Più in avanti c'era la sfera dei pianeti e oltre quella delle stelle fisse.

Nel 1543 fu pubblicato il "De Revolutionibus orbium celestium". Opera di un astronomo polacco di nome Niccolò Copernico (1473-1543), il libro critica aspramente la teoria Tolemaica, ritenuta ormai obsoleta e priva di fondamento. Copernico affermava che non era il Sole a girare intorno alla Terra, ma bensì il contrario. Una rivoluzione per quei tempi, visto che coloro che si definivano scienziati, in realtà erano dei teologi, sempre fedeli agli insegnamenti della Bibbia.

Finalmente nel XVII secolo un uomo, fondatore della scienza moderna, dimostra senza ombra di dubbio la validità della teoria Copericana.

Galileo Galilei (1564-1642) scrive e pubblica nel 1632 "Dialogo dei Massimi Sistemi", il trattato di astronomia più completo che sia mai stato scritto fino ad allora. Vi riporta tutte le scoperte fatte in anni di lavoro, suffragate da precisi calcoli matematici. In contraddizione con gli insegnamenti della chiesa, Galileo fu costretto ad abiurare, ossia ad ammettere di aver sbagliato.

Nello stesso periodo, un altro astronomo di origine tedesca, Giovanni Keplero (1571-1630), si accorse per primo dell'errore nella teoria copernicana. In quest'ultima riteneva che le orbite descritte fossero circolari. Questa affermazione, però, non spiegava la variazione di velocità della Terra nel suo giro intorno al Sole. Dopo aver svolto numerosi calcoli, concluse che le orbite dei pianeti non erano circolari, ma ellittiche.

Dal XVIII secolo in poi, vi fu un susseguirsi quasi ininterrotto di nuove scoperte. Newton con la sua Teoria della Gravitazione Universale, la matematica di Riemann, la teoria di Einstein e così via.

Il miglioramento degli strumenti ottici ha portato alla scoperta di nuovi pianeti come Urano da parte di William Herschel, Nettuno da Johann Galle e Plutone identificato dall'americano Clyde Tombaugh. Un'evoluzione continua che ha portato l'astronomia ad essere quella che è oggi: uno sguardo verso il futuro attraverso il passato.

Dio non gioca a dadi

Una nuova fisica

Il corpo nero

Sembra un paradosso, ma le stelle possono essere considerare dei corpi neri, pur non essendo propriamente "neri" nel vero senso della parola. Infatti il loro colore può variare da tutta la gamma cromatica del rosso fino al giallo, per poi passare per il bianco-azzurro. Per definizione, si definisce corpo nero un corpo che assorbe completamente la radiazione che riceve, di qualsiasi lunghezza d'onda essa sia. Si comprende bene tale significato dell'appellativo nero quando si indossa un capo di abbigliamento scuro nel periodo estivo, invece di uno bianco. Il vestito nero si riscalderà di più di quello bianco, aumentando la sensazione di calore e di fastidio.

Sul finire dell'Ottocento, in Germania il fisico Wilhelm Wien (1864-1928), notò che i metalli cambiavano colore. All'aumentare della temperatura, passano dal rossastro al bianco-azzurro per temperature vicine al punto di fusione. Individua la relazione matematica λT = costante, cioè che la lunghezza d'onda corrispondente al massimo d'intensità è inversamente proporzionale alla temperatura assoluta del corpo emittente. Allora in prima approssimazione posso considerare un metallo portato all'incandescenza come un corpo nero ideale.

Un altro fisico tedesco di nome Gustav R. Kirchhoff (1824-1887), dimostrò che il comportamento dei metalli portati all'incandescenza individuato da Wien, poteva essere applicato anche ad altri materiali. Siano essi solidi o liquidi, purché abbiano raggiunto il proprio punto d'incandescenza, tale da fargli assorbire ogni radiazione che ricevono.

Nei suoi esperimenti con i vari materiali, Kirchhoff nota che I corpi solidi e liquidi portati all'incandescenza emettono uno spettro continuo. Invece i gas emettono solo delle determinate radiazioni tipiche degli elementi che lo compongono. Questo particolare comportamento è da ricondurre alla possibilità che hanno le molecole di un gas di muoversi liberamente, emettendo una frequenza tipica in base alla loro composizione.

Da queste conclusioni, l'astronomo James Jeans (1877-1946), suggerì che un corpo caldissimo come una stella, doveva emettere onde elettromagnetiche con una distribuzione uguale in tutte le frequenze. Qualora le sue deduzioni fossero state corrette, significava che l'energia totale irradiata doveva essere infinita. Un risultato in accordo con la matematica, ma in profondo disaccordo con quanto la fisica osserva.

A risolvere il paradosso ci pensò il fisico tedesco Max Planck. Ipotizza che la luce e le altre forme di radiazione non emettono energia in modo continuo, ma sotto forma di "pacchetti" di energia, da lui chiamati quanti. Ogni quanto possiede una certa quantità di energia, tanto maggiore quanto più elevata è la frequenza delle onde. Fino a quando a una frequenza sufficientemente alta, l'emissione di un singolo quanto richiederebbe una quantità di energia più grande di quella disponibile. Perciò alle alte frequenze la radiazione si sarebbe ridotta facendo perdere energia al corpo a un ritmo finito.

Il principio di indeterminazione

Fu il 1926, l'anno di una profonda rivoluzione concettuale che sconvolse la fisica stessa, quando il fisico tedesco Werner Heisenberg enunciò il suo famoso Principio d'Indeterminazione. Per determinare la posizione e la velocità di una particella, devo proiettare un fascio di luce su di essa per "illuminarla" (nel senso più ampio del termine). Appena il raggio di luce colpisce la particella, essa ne diffonderà una parte consentendo di conoscerne la posizione. Il limite di precisione della misurazione sarà dato dalla distanza di due creste d'onda successive. Perciò per aumentare il livello di precisione, sarà necessario ricorrere a una luce con una lunghezza d'onda più piccola possibile. Per l'ipotesi di Planck, non posso usare una quantità di luce a piacere, ma ne devo usare almeno un quanto, cioè una quantità finita. Questo quanto perturberà il moto della particella. Pensate a quando un giocatore di biliardo tenta di mandare in buca una palla, si servirà della palla bianca per colpire tutte le altre palle, sfruttando l'urto tra di esse. La perturberà di una quantità impossibile da definire. Inoltre più precisamente si tenta di misurare la posizione, più la lunghezza d'onda della luce necessaria deve essere piccola, maggiore sarà la sua energia per singolo quanto. In definitiva, maggiore è la precisione ricercata per misurare la velocità, minore sarà la precisione usata per determinare la posizione.

Heisenberg dimostrò che il prodotto dell'incertezza nella posizione della particella per l'incertezza nella sua velocità per la massa della particella, non può mai essere inferiore a una certa quantità, che chiamò "costante di Planck".

Si evince dal Principio d'Indeterminazione che i concetti di velocità e posizione, così come la fisica classica li descrive, vengono meno. Non è più possibile identificare le particelle come masse infinitesime localizzate in un punto ben determinato nello spazio, ma si devono adottare altri modi per descriverne il comportamento.

Su questa base P. Dirac, E. Schrödinger e W. Heisenberg gettarono le basi per una nuova teoria fondata sul Principio d'Indeterminazione, che chiamarono meccanica quantistica. In questa teoria le particelle assumevano uno stato quantico, che era la combinazione di posizione e velocità. In essa non esiste un singolo risultato ben definito, ma predice una serie di esiti e ci dice con quanta probabilità essi siano esatti.

Nella meccanica quantistica, la luce può assumere una duplice forma: avvolte la si considera un'onda, altre volte una particella. Questa doppia natura chiamata dai fisici "dualistica", è una conseguenza del Principio d'Indeterminazione. Esso implica che se considero la luce come un'onda, essa potrà essere emessa oppure assorbita solo in pacchetti o quanti. Invece se considero la luce come una particella essa non avrà una posizione ben definita, ma sarà spalmata con una certa distribuzione probabilistica su una regione di spazio.

Facciamo un passo indietro per vedere come si è arrivati a questo risultato.

Un nuovo atomo

Prima del l'avvento della meccanica quantistica, si ritiene che l'atomo si comporti in modo simile al sistema solare, con gli elettroni che orbitavano attorno al nucleo su orbite circolari. Destinate però a far collassare inevitabilmente gli elettroni verso il nucleo, aumentandone la densità. Il primo a demolire questa ipotesi assurda è stato il danese Niels Bohr, a suggerire che gli elettroni non orbitano a distanze casuali dal nucleo, ma su livelli di energia ben definiti. Gli elettroni non sarebbero più potuti scendere a spirale verso il nucleo senza incontrare altri elettroni sul loro cammino in modo da occupare ambedue lo stesso livello. Oggi sappiamo che è impossibile per il Principio di Esclusione di Pauli.

L'idea di Bohr si applicava bene all'atomo di idrogeno, che possiede un solo elettrone. Riscontrava però non poche difficoltà ad applicarla ad atomi più complessi, cioè ad atomi con un numero atomico maggiore.

La meccanica quantistica ha permesso di risolvere questa limitazione considerando gli elettroni non più come particelle, ma come onde, la cui lunghezza d'onda dipende dalla sua velocità. Si è visto successivamente che le orbite permesse agli elettroni corrispondono a un numero intero della loro lunghezza d'onda. Invece le orbite composte da numeri frazionari non erano permesse, perché durante le successive rotazioni degli elettroni ogni cresta d'onda finiva per essere cancellata da un ventre.

Il velo di oscurità che ha coperto la struttura dell'atomo si stava pian piano scoprendo sempre di più, fino a quando nel 1924, il fisico francese L. de Broglie (1892-1987), in accordo con le ipotesi di Bohr, ipotizzò un'analogia tra le vibrazioni di un atomo e le vibrazioni meccaniche di una corda di violino. La sua idea riguardava la possibilità che il moto degli elettroni fosse guidato da una particolare onda, che chiamò "onda pilota", e che le sole onde permesse all'interno dell'atomo sono quelle la cui lunghezza è un multiplo intero della "lunghezza d'onda di de Broglie".

L'ultimo tassello utile lo mise il fisico Max Born (1882-1970), che ampliò il concetto di de Broglie sulle onde pilota. Esse non danno la posizione e la velocità di un elettrone in ogni istante, ma rappresentano la probabilità di trovarne uno in un dato luogo.

Si capisce facilmente che la fisica classica, ovvero quella che si studia alle scuole superiori, ha dei profondi limiti. Spingendosi verso l'infinitamente piccolo o verso l'infinitamente grande, essa perde di significato, rendendo necessaria una nuova fisica più completa e complessa, dove le entità non sono più definite da un numero.

Considerando che la materia è composta da atomi, gli atomi da cosa sono composti? I protoni, i neutroni e gli elettroni possono essere considerate particelle fondamentali, o sono a loro volta formate da altre particelle più piccole?

Dio non gioca a dadi

I pilastri della fondazione

Gli antichi greci credevano che la materia fosse formata da quattro elementi fondamentali: aria, terra, acqua e fuoco. A seconda di come essi si combinavano tra loro, creavano tutta la materia che componeva l'universo all'ora conosciuto. Sostenevano anche che i quattro elementi fossero distribuiti a formare altrettante sfere concentriche. La sfera più interna era quella dominata dalla terra, poi procedendo dal centro verso l'esterno si trovava la quella dell'acqua, quella dell'aria e per finire quella del fuoco.

Aristotele, il più prolifico filosofo che la Grecia abbia mai conosciuto, credeva nella possibilità che la materia potesse essere suddivisa all'infinito, in parti sempre più piccole.

In un'epoca in cui la filosofia dominava su tutte le altre materie di studio, gli Dei e le Divinità guidavano la vita degli uomini. Gli eventi naturali spiegati con teorie religiose più che con teorie scientifiche, crearono un periodo di misticismo che si è protratto fino agli inizi del XVII secolo, quando uomini coraggiosi e pieni di spirito investigativo, cominciarono a chiedersi quanto ci fosse stato di vero nelle teorie fino ad all'ora conosciute.

Fu solo agli inizi del 1800 che un brillante chimico britannico, John Dalton avanzò l'ipotesi che i composti chimici si combinassero tra loro rispettando certe proporzioni. Attraverso il raggruppamento di atomi si formano delle nuove unità che chiamò molecole.

Le teorie c'erano, mancavano però le prove sperimentali per sostenerle. Un professore del Trinity College a Cambridge, J. Thomson sul finire del

1800, aveva dimostrato l'esistenza di una particella di carica negativa con una massa inferiore di almeno mille volte la massa dell'atomo più leggero; arrivò a tale conclusione osservando la deflessione che le particelle Alfa, emesse da una sorgente radioattiva subiscono quando entrano in collisione con un atomo.

Se il guscio di un atomo era formato da particelle caricate negativamente, con buona probabilità il nucleo interno doveva essere composto da particelle cariche positivamente, altrimenti l'equilibrio di carica non sarebbe potuto avvenire. Alle particelle del nucleo fu dato il nome di protoni, che in greco antico significava "primo", in quanto si credeva che fossero l'unità fondamentale di cui era composta la materia.

Nel 1932 il fisico James Chadwick, scoprì che nel nucleo di un atomo non erano presenti solamente i protoni. Era presente anche un altro tipo di particella con la stessa massa del protone ma non possedeva alcuna carica. La chiamò neutrone.

Adesso il quadro è abbastanza completo per definire un atomo: ci sono gli elettroni con carica negativa che orbitano attorno ad nucleo positivo formato da protoni e neutroni. E gli elettroni, i protoni e i neutroni da cosa sono formati? Quali elementi, se così possiamo chiamarli, si uniscono per formare quelle particelle tanto a lungo definite elementari, indivisibili?

Piccoli nuovi mondi: I Quark

Bombardando i nuclei degli atomi all'interno degli acceleratori, si è visto che sia i protoni, sia gli elettroni che i neutroni si dividevano a loro volta in tre sotto-particelle distinte, chiamate dai fisici Quark. L'origine del nome deriva dal titolo di una canzone di James Joyce: "Three quarks for Muster Mark!".

Vengono identificati sei gruppi principali di Quark, i cui nomi dati dai fisici moderni sono tutto un programma: su, giù, strano, incantato, fondo e cima. Ogni gruppo può presentare a sua volta tre colori distinti: rosso, verde e blu. Dall'unione di tre Quark, due su e uno giù si ha un protone, mentre per ottenere un neutrone servono due Quark giù ed uno su. L'elettrone stranamente, non sembra essere formato dai Quark; fino a ora con gli acceleratori di particelle disponibili non si è riusciti a dividerlo ulteriormente, forse grazie alla sua stabilità praticamente infinita.

Per fare chiarezza su come i Quark si uniscano per formare le particelle, è bene utilizzare un po' di semplice algebra. Posto il sistema di misura classico in cui il protone ha carica +1, l'elettrone ha carica -1 ed il neutrone ha carica 0, il Quark su ha carica +2/3 mentre il Quark giù ha carica -1/3. Riassumendo:

Protone (su, su, giù) $2/3+2/3-1/3 = +1$
Neutrone (giù, giù, su) $-1/3-1/3+2/3 = 0$

Unità indivisibili

Qual è la particella più piccola che possiamo vedere con gli strumenti finora inventati dall'uomo? E ancora, quello che riusciamo a vedere è veramente la cosa più piccola in assoluto, o esiste qualcosa altro di più piccolo di cui ignoriamo l'esistenza? Prima di avanzare oltre è bene chiarire il concetto di cosa si intende per "vedere una particella". Un oggetto qualsiasi risulta visibile perché la sua struttura è formata da un insieme di atomi, più grandi della lunghezza d'onda della luce visibile. Appena essa colpirà l'oggetto, verrà riflessa in tutte le direzioni rendendolo visibile. Più le dimensioni dell'oggetto diventano piccole, e di conseguenza si avvicinano alla lunghezza d'onda della luce visibile, più esso diventerà invisibile, rendendo necessario l'uso di una luce con lunghezza d'onda minore.

Nella meccanica quantistica, il concetto di particella assume un doppio significato. Una particella oltre che a essere pensata come un'entità materiale, può essere considerata anche come un'onda con la particolarità che, maggiore è la sua energia tanto minore è la lunghezza d'onda dell'onda corrispondente.

Si deduce che per "vedere" una particella, occorre utilizzare una lunghezza d'onda più piccola della particella stessa e con una minore energia, per mitigare il più possibile l'effetto di rallentamento e d'imprecisione dettato dal Principio d'Indeterminazione.

L'unità di misura dell'energia di una particella è l'elettronvolt (eV), definito come l'energia che riceve un elettrone in un campo elettrico di un volt. È un'unità molto piccola, infatti attualmente i più grandi acceleratori di particelle riescono a sprigionare qualcosa come 10^{11} eV di energia, grazie all'utilizzo dei campi elettromagnetici. Sono in grado di accelerare una particella fino al 99,75% della velocità della luce.

Il momento angolare

Una delle proprietà fondamentali che una particella possiede, sia essa di materia o di "forza" è il suo momento angolare, o spin. Si può immaginare una particella che ruota come una trottola lungo un'asse principale, mostrando ogni suo lato e lo spin. Infatti, ci dice come essa apparirà a seconda del punto di vista.

Lo spin può avere un valore intero, come 0, 1 e 2, per le particelle portatrici di forza, oppure valori multipli di un semintero come 1/2, 3/2 eccetera. Valori validi per tutte le particelle che compongono la materia dell'universo.

Tutte le particelle sono stabili, cioè non implodono su se stesse, grazie al Principio di Esclusione di Pauli. Il suo enunciato è il seguente: due particelle con il medesimo spin non possono avere la stessa posizione e la stessa velocità. È grazie a tale proprietà che gli elettroni non collassano verso il nucleo per effetto delle forze prodotte dalle interazioni tra le particelle, altrimenti sarebbe impossibile la formazione di alcun atomo o particella.

Si è visto però che il Principio di Esclusione di Pauli, pietra miliare della fisica della materia, sembra non valere quando entrano in gioco le particelle virtuali, o vettori intermedi. Il problema deriva dall'assenza di massa delle stesse particelle, rendendo il numero di scambi praticamente infiniti; per comprendere più facilmente come sia possibile un processo del genere, si può ricorrere a un facile esempio: un elettrone emette una particella che trasporta la forza, e per il terzo principio della dinamica l'elettrone subisce una forza contraria, un rinculo. La particella virtuale incontra a sua volta una particella reale, che ne viene assorbita modificandone la traiettoria, così sembra che le due particelle abbiano avuto una qualche interazione.

Per comodità, le particelle portatrici di forza possono essere riunite un quattro categorie principali, a seconda della loro modo di reagire con le altre particelle.

La forza elettromagnetica è la più conosciuta in assoluto, essa si esercita tra particelle dotate di carica elettrica. Può essere repulsiva se le due particelle hanno la stessa carica (positiva o negativa), mentre è repulsiva se le particelle possiedono carica opposta. La forza elettromagnetica, salvo alcune eccezioni domina il microcosmo, cioè il mondo degli atomi e delle particelle. Negli atomi che compongono un corpo di grandi dimensioni, come un pianeta, le particelle non generano tra di loro una interazione apprezzabile, perché il numero di cariche elettriche sei positive che negative è pressoché uguale, annullandosi a vicenda. La particella virtuale di spin 1 che trasporta la forza è stata chiamata fotone.

La forza nucleare debole, è quella responsabile dell'interazione tra coppie di particelle. Il raggio d'azione più breve in assoluto, circa centomila volte più corto di quello della forza nucleare forte. La forza nucleare debole è la responsabile dei decadimenti radioattivi, chiamato "decadimento Beta".

La forza nucleare forte tiene insieme il nucleo di un atomo, permettendo la convivenza dei neutroni con i protoni. È in continua lotta con la forza elettromagnetica, che tende a respingere particelle con carica uguale presenti nel nucleo, ma essendo la più

Dio non gioca a dadi

forte delle quattro forze finisce per prevalere rendendo possibile la formazione della materia.

Per ultimo, la forza gravitazionale è la più familiare delle forze, visto che abbiamo a che fare con lei tutti i giorni della nostra vita. Il primo a descriverla sotto il punto di vista matematico fu Isaac Newton nel 1687. Qualsiasi oggetto, grande o piccolo che sia, risente della forza gravitazionale in modo inversamente proporzionale al quadrato della distanza.

Relatività

Si deve a Galileo Galilei (1564-1642) la nascita della cosiddetta "astronomia moderna". Quell'astronomia basata sull'osservazione diretta della volta celeste senza l'uso dei dettami che la chiesa cattolica proponeva. Successivamente la pubblicazione della sua opera, Dialogo sui massimi sistemi, Galileo dovette ritrattarla a causa dell'infamante accusa di eresia che il Papa gli aveva lanciato. La sua opera, considerata da molti il capostipite della disciplina moderna, è servita per far capire come scienza e fede possono convivere se ogni una resta nel proprio ambito di competenza.

Un altro uomo che portò un prezioso contributo al sapere scientifico tra il XVII e il XVIII secolo fu l'inglese Isaac Newton (1642-1727). Padre del calcolo integrale si dedicò all'astronomia contribuendo al suo sviluppo come nessun altro aveva mai fatto prima. Progettò e realizzò il primo telescopio a riflessione, più funzionale di quello di Galileo detto a rifrazione. Esso permetteva d'ingrandire l'immagine di un fattore moltiplicativo che aumentava in modo proporzionale all'aumentare della grandezza dello specchio concavo primario. Più grande è lo specchio maggiore sarà il dettaglio. Il suo telescopio fu messo in secondo piano quando presentò una legge che permetteva finalmente di capire le regole che governavano dell'universo. La sua Legge di Gravitazione Universale, spiega finalmente perché la Terra che gira intorno al Sole non fugga via nello spazio profondo, ma rimane saldamente al suo posto. Un'equazione di una potenza mai vista prima, applicabile sia al macrocosmo che al microcosmo. Si trattino di pianeti o di atomi il calcolo non varia, l'importante è che la massa sia calcolabile. Fino a i primi anni del novecento si usava la legge di Newton per spiegare qualsiasi fenomeno che avvenisse nell'universo, e per un po' funzionò. I problemi sorsero quando le osservazioni dei pianeti si fecero sempre più precise. Si cominciò a notare l'imperfezione dell'equazione quando si ricerca un livello di precisione sconosciuto ai tempi di Newton. Uno dei primi rompicapo che gli astronomi si trovarono a dover risolvere riguarda l'orbita del pianeta Mercurio intorno al Sole. Il suo perielio (il punto più vicino al Sole) risulta spostato rispetto a quello calcolato con la Legge di Gravitazione Universale, considerando cioè solamente le masse in gioco. La soluzione arriverà anni dopo quasi per caso grazie a un'ardita teoria formulata da un fisico che diventerà il più famoso e conosciuto uomo del mondo.

Inizia la rivoluzione

Albert Einstein nasce il 14 marzo del 1879 in una piccola cittadina della Germania meridionale da una famiglia di ebrei. La sua famiglia faceva parte della media borghesia perché il padre Hermann gestiva insieme al fratello di Albert, Jakob una piccola azienda d'ingegneria elettrica. Fin dalla più tenera età Albert si dimostrava curioso e affascinato da tutto quello che lo circondava, riempiendo di domande chiunque lo circondasse. Era prassi a quel tempo che i figli dei borghesi, oltre allo studio imparassero anche a suonare uno strumento musicale. In seguito a varie prove la sua scelta cadde sul violino perché secondo lui mentre suonava lo aiutava a pensare, cosa che avrebbe coltivato per tutta la vita.

Il primo impatto negativo con la scuola lo ebbe a Monaco con l'iscrizione al Gymnasium. La rigida disciplina che si respirava tra le mura era soffocante per Albert; "sembrava di essere tanti piccoli soldati in attesa di ordini" ripeteva sempre. Forse è a causa di queste imposizioni del regime prussiano a cui Einstein deve ubbidire che, nella sua vita, non ha mai accettato nessuna forma di repressione a cui era costretto a sottostare. A dirla tutta il Ginnasio non gli piaceva nemmeno per le materie che era costretto a studiare, come il greco e il latino. Il problema era che per Albert le materie umanistiche erano solo un peso e una inutile perdita di tempo (come dargli torto...), voleva studiare più matematica e fisica le sue due passioni. Oramai al limite della sopportazione, lasciò l'istituto per raggiungere la famiglia che si era trasferita in Italia qualche anno prima.

Ottenuta la cittadinanza svizzera, decise d'iscriversi all'Istituto di Tecnologia di Zurigo o ETH. Fu costretto a fare un passo indietro proprio all'esame di ammissione a causa della mancanza di un diploma che attestasse il conseguimento delle scuole superiori. A malincuore portò a termine gli anni del Ginnasio che mancavano per diplomarsi. Finalmente nel 1896 poté iscriversi all'ETH e cominciare i corsi di matematica e fisica. Ricevuta la laurea si mise alla ricerca di un lavoro per sbarcare il lunario. Inizialmente si mise a dare lezioni private di matematica ma fu solo nel 1902 che ottenne un vero lavoro. Grazie alle raccomandazioni del padre di un suo amico conosciuto al tempo dell'università: esperto tecnico all'ufficio brevetti di Berna. Questo lavoro non era il massimo secondo quanto diceva, magli lasciava una enorme quantità di tempo libero che poteva dedicare a i suoi studi.

Fu nel 1905, mentre lavorava all'ufficio brevetti che Einstein elaborò la teoria della relatività speciale, suffragato dal lavoro di altri fisici specialmente quello di J. C. Maxwell (1831-1879) che per primo introdusse il concetto di campo. La teoria di Maxwell spiega i fenomeni elettromagnetici con un sistema di equazioni che descrivono un campo di forze, qualcosa di simile alle linee che si trovano in una calamita.

La sua teoria però era valida in un mondo senza massa e gravità. La teoria della gravitazione universale elaborata da Newton trecento anni prima, rispetto a quella di Einstein, era valida per un mondo a basse velocità e su oggetti dotati di massa. Occorreva una nuova teoria che ponesse in relazione la gravitazione e la relatività (lo spazio-tempo).

Dio non gioca a dadi

Nella mente di Einstein gli oggetti massicci non agiscono solo sui corpi rigidi al livello di attrazione reciproca, ma anche sulla luce. In sostanza, ogni oggetto dotato di massa deflette la luce con lo stesso principio newtoniano che un oggetto, in viaggio nello spazio, subisce una variazione di traiettoria a causa della forza gravitazionale esercitata dalle masse circostanti. Questa teoria è valida se facciamo valere la natura dualistica della luce, la quale si può comportare sia come onda che come particella contemporaneamente. Più facile a dirsi che a farsi.

L'idea della doppia natura della luce era già venuta in mente a un astronomo tedesco, J.G. von Soldner più di cinquanta anni prima della nascita di Einstein. Soldner basandosi sul presupposto che la luce fosse una particella e se questa, passando vicino al Sole la sua traiettoria avrebbe dovuto subire un deflessione per effetto della massa solare.

Sfortunatamente i suoi calcoli risultavano imprecisi e inaffidabili, probabilmente la causa era la difficile stima della massa solare, ma la strada si dimostrava quella buona.

Una nuova metrica

Il problema che Einstein fu chiamato a risolvere, prima di cimentarsi in un lavoro di questa portata, riguardava la matematica necessaria a descrivere le quattro dimensioni di calcolo: essa ancora non esisteva. Il concetto di vettore, largamente usato nella fisica per descrivere le componenti vettoriali di una equazione, non sono sufficienti perché permettono di coprire solamente le tre dimensioni spaziali. Per Einstein questo era un bel problema che lo assillò per diversi anni. Solamente dopo, grazie all'aiuto di alcuni matematici italiani e di un tedesco che per primi cominciarono a studiare le componenti di una nuova ed evoluta matematica.

G.F.B Riemann (1826-1866) fu uno dei più brillanti matematici che la storia ricordi. Per Riemann era importante definire il concetto di distanza nello spazio piatto non euclideo. Nella geometria euclidea la somma degli angoli interni di un triangolo è per definizione 180 gradi sessagesimali, mentre in quella non euclidea può essere superiore o inferiore a i 180 gradi sessagesimali.

Modificò il famoso teorema di Pitagora adattandolo a una nuova geometria e introducendo per la prima volta un nuovo termine matematico: il tensore. Adesso è possibile rendere conto della curvatura che il campo gravitazionale impone allo spazio nell'universo, misurare la distanza reale tra due punti.

Si citano solamente il nome dei due matematici italiani che, se Einstein avesse consultato prima di perdere tempo alla ricerca di strumenti che altri avevano già scoperto e dimostrato, avrebbe completato la sua teoria in pochi anni. Si deve a G. Ricci (1853-1925), T. Levi Civita (1873-1941) ed L. Bianchi (1856-1928) il prodigioso lavoro compiuto per la ricerca di nuove identità tensoriali.

Einstein disponeva finalmente degli strumenti necessari, anche se grezzi e poco evoluti, per scrivere la sua equazione della Relatività Generale.

Si rende ora necessario trovare una forma semplice ed elegante per descrivere una delle leggi più importanti che governano l'intero universo. Cominciò a fare un po' di derivazioni, finché scoprì una nuova teoria che spiegava lo spostamento del perielio di Mercurio. I calcoli coincidevano con le osservazioni sull'orbita del pianeta che gli astronomi compivano da anni per risolvere il problema. Sorprendentemente tutto sì incastrava perfettamente come i pezzi di un puzzle, mettendo un'altra pietra per la convalida della sua teoria. Meglio di niente, ma ancora manca la verifica definitiva, la pistola fumante che renda la Relatività a prova d'errore.

Einstein stava per giungere alla fine del massacrante lavoro che oramai si protraeva da più di dieci anni. Un lavoro fatto di fallimenti e successi, montagne di equazioni senza risultato si accumulavano di fronte a lui senza che ne venisse a capo. Bisognava trovare il modo di combinare tra loro il tensore metrico, gli elementi gravitazionali e l'impianto quadrimensionale della relatività speciale. In realtà ogni componente era una precisa e distinta equazione che Einstein voleva combinare per trovarne una sola. Utilizzando il concetto di tensore racchiuse ogni parametro in una singola unità, per raggiungere infine alla seguente equazione.

Scrisse:

Dio non gioca a dadi

$$R_{\mu\nu} - 1/2 g_{\mu\nu} R = -\kappa T_{\mu\nu}$$

Dove $g_{\mu\nu}$ è il tensore metrico di Riemann, $T_{\mu\nu}$ il tensore energia-impulso, R il tensore di Ricci che serve a trattare la curvatura dello spazio tempo, G la costante gravitazionale di Newton.

Il problema della costante cosmologica

L'equazione da lui scritta è di una eleganza mai vista prima, con pochi termini descrive matematicamente il comportamento dell'universo. Sorge però un problema: il campo di validità della sua equazione prevede che l'universo sia statico: cioè che non sia ne in espansione ne in contrazione. Lo stesso Newton è arrivato alla conclusione che l'universo non può essere finito e statico. Qualora l'unica forza in esso presente sia la gravità e per definizione può essere solo attrattiva, tutte le masse presenti avrebbero dovuto collassare verso il centro di massa dello stesso universo, in controtendenza alle osservazioni.

Einstein si rese conto che il campo gravitazionale a distanza infinita tendeva a un valore finito fisso. Questa limitazione fa si che il campo gravitazionale assuma un valore limite quando la densità della materia dell'universo tenda a zero. A questo punto la sua equazione deve soddisfare una condizione alquanto interessante: una parte emessa dai corpi celesti doveva lasciare il sistema, l'universo e perdersi nella vastità dell'infinito. Si accorse che l'universo si stava espandendo altrimenti tutta la massa sarebbe crollata su se stessa. Tale considerazione lo turbò profondamente perché metteva in discussione il suo operato, il suo lavoro più volte paragonato da egli stesso come "l'equazione di Dio". Non accettava questo risultato, tuttavia ne comprendeva gli effetti e a tal proposito si inventò una soluzione che solo anni dopo avrebbe definito come l'errore più grande della sua vita.

Con una mossa da maestro modificò la sua equazione aggiungendovi una costante λ (lambda) al fine di correggere le variazioni prodotte da un universo in espansione. Scrisse:

$$R_{\mu v}-1/2g_{\mu v}R-\lambda g_{\mu v}=-\kappa T_{\mu v}$$

La modifica doveva ottenere scarsi effetti a livello locale, mentre produrre grandi variazioni a distanze infinite. Il nome che dette alla sua costante fu degno di lui: la chiamò *Costante Cosmologica*. In questo modo la sua equazione assume alcune proprietà particolari:
1. l'universo è statico, non si espande ne si contrae;
2. l'universo è di forma sferica, limitato ed ha una curvatura costante;
3. l'universo è omogeneo e isotropo, cioè uguale in tutte le direzioni.

La prova

Galvanizzato dal risultato ottenuto Einstein si adagiò sugli allori. Visto che la sua pubblicazione gli ha procurato fama e gloria, si godette il breve periodo fino a quando la comunità scientifica cominciò a cercare le prove della validità al posto suo.

Il periodo per la pubblicazione e diffusione di materiale scientifico non era dei migliori visto che in tutta Europa si stava combattendo la guerra. Una copia del suo manoscritto finì tra le mani di un astrofisico olandese di nome W. de Sitter (1872-1934), che tramite conoscenze e casi fortuiti la fece arrivare oltre manica all'attenzione dell'astronomo Arthur Eddington (1882-1944).

Eddington capì subito l'importanza della teoria di Einstein e insieme ad altri astronomi inglesi tentò di trovare un modo per convalidarla. Pensarono di sfruttare un evento astronomico particolare, per misurare la deflessione della luce che passava vicino al Sole: un'eclissi totale. Ebbero l'idea di coprire la parte più luminosa del Sole e di lasciare visibile solo la corona solare. Più tenue come intensità, avrebbe permesso di vedere come la luce proveniente dalle stelle si deflette a causa del campo gravitazionale prodotto dal Sole. Solamente l'eclisse non è un evento così frequente e per complicare le cose ne serve una totale. Avrebbero dovuto aspettare fino al 29 maggio 1919 per ottenerne una valida. Eddington si rivolse all'allora astronomo reale Sir. Frank Dyson per cercare un quantitativo di denaro che permettesse a lui e a i suoi collaboratori d'intraprendere la spedizione. Visto che sarebbe stata particolarmente favorevole per via della costellazione coinvolta; infatti sia il Sole che la Luna si sarebbero trovati nella costellazione del Toro, dove al centro si trova l'ammasso stellare delle Iadi.

Uno dei problemi da risolvere per primo non riguardava la parte scientifica della spedizione, ma piuttosto quella socio-politica. Non bisogna dimenticare che in quel periodo il Mondo intero stava attraversando uno dei momenti più sanguinosi della storia dell'umanità: la Grande Guerra.

Dyson trovò una geniale soluzione per farsi aiutare nientemeno che dalla stessa Marina britannica. Convinse l'ammiragliato che la teoria della relatività generale era molto importante, alla pari di quella del loro patriota Newton. Spiegò loro che se fossero stati i primi a convalidarla l'Impero di sua maestà avrebbe riscosso tutti gli onori. Sicuramente Dyson ha fatto leva sul loro orgoglio patriottico tirando in ballo la stessa legge di Newton, ormai conosciuta da secoli, promettendogli di verificare se la luce segue la legge di gravitazione universale.

Fortunatamente l'11 novembre 1918 l'armistizio mise fine alla Prima guerra mondiale. Lasciò ai due astronomi la libertà di organizzare tutto nei minimi dettagli, visto che un evento del genere non si sarebbe più ripresentato tanto presto. Eddington e Dyson passarono mesi a controllare e ricontrollare tutti i dettagli del progetto. La strumentazione da utilizzare doveva essere robusta da sopportare ore di marcia nella foresta senza danneggiarsi, trovare la posizione ideale per le osservazioni era di fondamentale importanza per non far fallire l'intera impresa. Fu deciso di dividere la spedizione in due gruppi distinti per massimizzare la possibilità di riuscita, visto che non potevano conoscere in anticipo come sa-

Dio non gioca a dadi

rebbero state le condizioni meteorologiche. Decisero che i due luoghi più promettenti per l'osservazione erano:

1. Sobral, nello stato di Ceara nel bacino del Rio delle Amazzoni;

2. L'isola di Principe che si affaccia sulla costa africana.

In Brasile sarebbe andato il gruppo del Greenwich Observatory, mentre nell'isola di Principe il Cambridge Observatory. Si resero necessari più di trenta giorni di viaggio per raggiungere il sud America per A.C.D. Crommelin, capo spedizione, a causa dell'impraticabilità del luogo visto che il punto ideale per l'osservazione dell'eclissi si trovava nel cuore della foresta amazzonica, tra alberi alti più di 30-40m ed un terreno al limite. Anche l'attrezzatura che si erano portati non gli avrebbe reso la vita facile. I telescopi completi di treppiedi, gli strumenti per le misure locali, le carte ed i documenti vari caricavano sulle spalle di ogni ricercatore qualcosa come cinquanta chili da portare dentro la foresta più fitta del mondo, per svariati chilometri.

Per sicurezza si erano mossi in tempo avendo raggiunto il punto di osservazione già nei primi giorni di aprile. Si prepararono allestendo un completo campo base aiutati dagli indigeni del luogo. Costruirono una serie di capanne di fango e paglia attorno a i telescopi, già installati e puntati verso il Sole, al fine di rendere migliore il loro soggiorno in uno dei luoghi più selvaggi. Avevano calcolato tutte le variabili possibili tranne una: il tempo. La loro più grande preoccupazione era che nel culmine dell'eclissi, cioè quando fosse stato visibile solo il disco solare, il cielo si presentasse carico di nuvole e ne limitassero la vista.

Il secondo gruppo guidato da Eddington entrò nel porto dell'isola di Principe il 23 aprile 1919 dopo circa quarantacinque giorni di viaggio. L'isola, di origine vulcanica si presentò agli occhi degli scienziati come un vero paradiso. I rilievi vulcanici formati da materiale estruso durante le violente eruzioni facevano da sfondo alle spiagge bianchissime e all'acqua cristallina che bagnava tutta la costa. Gli isolani si dimostrarono subito cordiali verso Eddington e i suoi compagni fornendogli tutto l'aiuto di cui avevano bisogno. Li aiutarono nel trasporto della strumentazione attraverso l'utilizzo di mezzi motorizzati, alla costruzione dei supporti per il telescopio (che non erano stati portati per alleggerire il carico) affidata ad alcuni falegnami locali. Alcuni giorni di perlustrazione in cerca di un punto d'osservazione che garantisse i migliori risultati possibili, fu deciso di sistemare la strumentazione nella parte nord-ovest dell'isola chiamata Roca Sundy. Uno sperone di roccia alto 150 m sul livello del mare.

Il 29 aprile era tutto pronto per attendere l'eclissi e fotografare la deviazione della traiettoria della luce.

L'attesa si faceva sempre più snervante, i giorni passavano così lentamente per Eddington che sembravano anni. Per ingannare il tempo ripassava continuamente tutte le procedure che avrebbe dovuto compiere, visto che l'eclissi sarebbe durata appena cinque minuti, non voleva lasciare niente al caso. Si rendeva necessario fare quante più fotografie possibili in modo da avere il maggior numero di stelle da misurare, al fine di scongiurare eventuali errori di

Dio non gioca a dadi

calcolo visto che un evento simile non si sarebbe ripetuto tanto presto.

Le possibilità che si potevano presentare erano sostanzialmente tre:

1. Non misurare alcuna variazione nella deflessione della luce, cosa che avrebbe lasciato nello sconforto più totale Eddington, perché ciò significava che sia la teoria di Newton che quella di Einstein erano errate;
2. La deviazione era coerente con la legge di Gravitazione Universale di Newton, indicando che la luce si comportava come una particella;
3. La deflessione seguiva la legge della Relatività Generale prevista da Einstein.

Tanto Crommelin che Eddington potevano solamente aspettare.

Giunse finalmente il 29 maggio, giorno previsto per l'eclissi. Avevano calcolato che sarebbe iniziata alle 14:13, tempo di Greenwich per concludersi alle 14:18. Il disco solare sarebbe stato coperto completamente per meno di un minuto, un tempo brevissimo per scattare delle fotografie con la tecnologia dei primi anni del ventesimo secolo. A complicare il tutto dovevano usare una lunga esposizione per essere sicuri d'impressionare le lastre. Non potevano perdere tempo. Appena il Sole fu coperto dalla Luna cominciò il frenetico lavoro di fotografare le stelle della costellazione del Toro. Furono scattate una trentina di fotografie delle Iadi, prima e dopo l'eclissi come riferimento di misurazione. A causa della rotazione della Terra, il gruppo di Crommelin che si trovava sull'isola di Principe fu il primo a godere di tale spettacolo, seguito ad distanza di qualche minuto anche da quello di Eddington. Mesi di preparativi si sono ridotti a pochi minuti di osservazione, indispensabili per trovare una prova sulla validità di una delle teorie più ardite di tutti i tempi.

Tutte le lastre furono spedite a Oxford per essere sviluppate e messe in relazione con quelle di riferimento scattate qualche mese prima dello stesso settore di cielo. Le foto mostravano in tutto tredici stelle, tra cui due più brillanti delle altre: K Tauri e Y Tauri. Non credevano a i loro occhi, esse avevano subito uno spostamento medio di 1,6 secondi di arco. Tenendo in considerazione l'eventuale errore statistico commesso, il valore dato dalla Relatività Generale di Einstein che era di 1,75 secondi di arco poteva considerarsi buono.

Un importante risultato

Qual è il significato di queste osservazioni? Isaac Newton con la sua teoria della Gravitazione Universale ha cercato di spiegare per più di duecento anni come funziona l'Universo. Si deve ammettere che in parte c'è riuscito, considerando solamente le masse "visibili" quali pianeti, galassie e così via. Però se si eseguono calcoli più precisi ci si accorge che i risultati sono ben diversi dalla teoria; in breve manca della massa. Considerando lo spazio come vuoto, senza alcuna proprietà apparente, la teoria newtoniana è valida. Astronomi inglesi, però, hanno dimostrato il contrario: lo spazio ha delle proprietà (ancora in larga parte sconosciute) che interagiscono con le masse al suo interno. Nell'eventualità che lo spazio fosse composto dal nulla la luce delle stelle non avrebbe subito nessuna deflessione, la sua traiettoria sarebbe una linea retta invece di una curva. Questo è possibile perché la massa del Sole risulta tale da creare una flessione nel tessuto dello spaziotempo, come quando si posiziona una palla da bowling al centro di un tappeto elastico. Il tessuto si deformerà per effetto del peso della palla creando una specie d'imbuto con al centro la massa stessa.

Dio non gioca a dadi

La geometria di Dio

Quale forma ha l'universo? È una domanda che sicuramente chiunque almeno una volta nella vita si è posto, ma non ha cercato una risposta. Prima delle grandi esplorazioni terrestri si pensava che la Terra fosse piatta come una pizza, che le acque sparissero nel nulla una volta attraversato il bordo o "punto di non ritorno". Solamente grazie a fortuiti fallimenti si è capito che il pianeta possieda una forma sferica, cioè esiste la possibilità di tornare al punto di partenza descrivendo una circonferenza qualunque si la direzione scelta. Adesso le cose si complicano però.

Fino a quando si eseguono calcoli su superfici bidimensionali tutto fila liscio. La geometria ha regole ben precise che permettono di metterci al riparo da errori grossolani: "la somma degli angoli interni di un triangolo è 180 gradi", punto fermo della geometria definita euclidea. Prendendo una sfera qual è invece la somma degli angoli di un triangolo disegnatoci sopra usando i meridiani e i paralleli? Provando vi accorgereste che la somma non sarà più 180 gradi ma avrà un valore maggiore o minore se usate una iperbole invece di una sfera. Allora significa che tutta la geometria studiata sin dalle elementari non serve più a niente? Sbagliato, è tutta una questione di distanza.

La geometria di Euclide

Gli Assiri, i Babilonesi, gli Egizi erano popoli che per le loro necessità riuscivano a misurare con precisione l'orientamento dei monumenti per costruirli secondo credenze religiose. Proprio per questo motivo avevano sviluppato una profonda conoscenza della geometria e delle sue regole, sapevano misurare aree anche di forme complesse suddividendole in triangoli. La loro geometria si basava sulle due dimensioni solo perché ne vedevano due! Non percepivano la sfericità della Terra a causa della bassa prospettiva; mi spiego meglio. Viaggiando in aereo vi sarete sicuramente accorti che l'orizzonte visto dall'alto non è una linea dritta, ma si piega dolcemente verso il basso su entrambi i lati. Tale flessione è prodotta perché la Terra ha una forma sferica e non piatta, infatti più mi allontano dalla superficie e più campo visivo ho a disposizione.

Uno dei teoremi fondamentali che insegnano appena si inizia a studiare geometria è quello relativo a due punti: "per due punti passa una e una sola retta". Risulta valido quando si disegna l'esempio su un foglio di carta, ma farlo usando la superficie di un pallone si rivela alquanto problematico. Primo, il concetto di retta non è più valido perché non sono rette ma linee curve, e secondo ne posso disegnare più di una tutte ugualmente valide.

Solo quando un alessandrino di nome Pitagora Euclide scrisse un'opera di tredici volumi intitolata Elementi. I concetti di punto, retta e piano finalmente ebbero una trattazione matematica che spiegasse il loro ruolo nella geometria. Come menzionato poc'anzi gli elementi base della geometria euclidea

sono il punto, la retta e il piano. Attraverso di essi Euclide formulò cinque postulati fondamentali:
1. Tracciare una retta tra due punti;
2. Prolungare in modo continuo una linea retta;
3. Descrivere un cerchio con un centro e un raggio qualsiasi;
4. Tutti gli angoli retti sono uguali tra loro;
5. Una linea retta, intersecandone altre due, forma dallo stesso lato angoli interni la cui somma è minore di due retti. Se la seconda e la terza retta sono prolungate indefinitamente si incontreranno da quel lato.

I postulati del primo libro di Euclide trattano delle proprietà dei parallelogrammi in generale (triangoli, rettangoli, quadrati...). Non usa mai il quinto teorema per le dimostrazioni, rendendolo a prima vista inutile. A cosa serve allora? A questa domanda hanno cercato di rispondere per secoli schiere di matematici. Hanno cercato di risolvere il quinto postulato attraverso l'utilizzo dei primi quattro, utilizzando il metodo di dimostrazione logica chiamato reductio ad absurdum ideato dallo stesso Euclide. Il metodo consiste nel supporre l'opposto di quello che si vuol dimostrare e poi percorrerne passo dopo passo le conseguenze logiche fino a ottenere una contraddizione.

Dio non gioca a dadi

Il quinto postulato

Nel 1733 a Milano venne pubblicato un manoscritto di un monaco gesuita, Girolamo Saccheri (1667-1733) intitolato *Euclides ab omni naevo vindicatus* (Euclide liberato da ogni pecca). Saccheri cerca di risolvere il dilemma del quinto postulato attraverso il metodo di contraddizione dell'ipotesi. Non ottenne risultati soddisfacenti, ma si ritrovò con tre soluzioni possibili riguardo la somma degli angoli interni di un triangolo: essa poteva essere minore, maggiore o uguale a 180 gradi. Significa che può esistere più di una parallela a una retta passante per un punto esterno, tutte valide perché non contraddicono i primi quattro postulati.

Il suo pionieristico lavoro sarebbe stato considerato dalla comunità scientifica solamente dopo la sua morte. Quando tre matematici, Gauss, Lobacevskij e Bolyai riprendono il lavoro di Saccheri, sviluppano una nuova geometria, quella che oggi viene chiamata "non euclidea".

La geometria non euclidea trova il suo sviluppo non appena si abbandona il concetto di universo piatto. Qualora il raggio di curvatura di discostasse dallo zero, assumendo rispettivamente i valori -1 e +1, si dimostra che qualsiasi parallela di una retta data finirà per incontrarla. Infatti su di una sfera o su un'iperbole non esistono rette che prima o poi non si incontrano.

Saccheri non si rese conto dei suoi risultati perché non ottenne una *reductio ad absurdum*; ottenne solo risultati che sembravano impossibili, ma in realtà erano matematicamente corretti!

La geometria dello spazio-tempo

Quando negli anni quaranta del secolo scorso, due scienziati americani scoprirono una radiazione proveniente dai confini più reconditi dell'universo, non compresero neanche cosa fosse. La sua intensità era talmente bassa che i loro strumenti a malapena riuscivano a rilevarla. Avevano scoperto quella energia che successivamente avrebbe preso il nome di "radiazione cosmica a microonde di fondo" o CMBR. Essa è la prova che il Big Bang sia realmente avvenuto, testimone del periodo in cui il neonato universo era così caldo che la materia come la conosciamo oggi non esisteva. Era composto solo da energia pura in continua espansione.

Poiché l'universo ha un'età finita di 13,72 miliardi di anni, si intuisce che se potessimo osservare oggetti sempre più lontani si vedrebbe il Big Bang nel momento della sua formazione. Questo almeno in teoria. Non si può vedere l'attimo esatto perché l'universo non ha subito un abbassamento di temperatura apprezzabile fino all'età di trecentomila anni. Alla temperatura di 3000 K la radiazione ambientale era così energetica da spezzare gli atomi d'idrogeno nei suoi componenti principali: protoni, elettroni e neutroni. Questo rendeva l'ambiente carico di gas energizzati, i plasma, illuminando l'intero universo come una lampadina. Il mio limite di visione viene chiamato "superficie di ultima diffusione" (o di scattering), un muro invalicabile oltre il quale subentrano le ipotesi più svariate e fantasiose.

È questo segnale che i due scienziati americani avevano rilevato senza sapere cosa fosse; curiosamente i due l'avevano scambiata come un'interferenza della strumentazione stessa usata per le misurazioni.

Uno dei primi esperimenti pensato per "vedere" la superficie di scattering fu il progetto BOOMERANG, acronimo di Balloon Observations Of Millimetric Extragalactic Radiation and Geophysics. Lo scopo della missione consisteva ne lancio di un pallone sonda con un radiometro che doveva misurare la radiazione cosmica di fondo alla temperatura di 3 K sopra dello zero assoluto. L'immagine ottenuta mostrava disposte in modo casuale chiazze calde e fredde della superficie misurata. L'immagine, fu messa a confronto con tre simulazioni realizzate dagli astronomi delle possibili delle forme dell'universo (chiuso, piatto e aperto). L'universo è PIATTO!

Il concetto di universo piatto è un po' più complicato di come potrebbe apparire inizialmente. Il termine piatto è riferito alla misura della superficie di ultima diffusione. Anche se appare come una superficie curva, visto che è una parte di sfera, il suo raggio è talmente elevato e in continuo aumento che il valore esatto si avvicina allo zero. È chiamata anche curvatura di Planck, che corrisponde a 10 alla meno 44 centimetri.

L'universo in espansione

Un'astronoma dell'osservatorio dello Harvard College, H. Leavitt (1868-1921) inventò una nuova tecnica di misurazione delle distanze spaziali. La Leavitt era incaricata di catalogare le stelle variabili visibili dall'osservatorio britannico. Suppose che la Grande e Piccola Nube di Magellano, che si presentavano come ammassi stellari molto compatti, la distanza tra noi e uno di questi ammassi fosse sempre la stessa. In seguito ad attente misurazioni, si accorse che la sua teoria era corretta: la grandezza apparente di una stella variabile era direttamente proporzionale al suo periodo, o al ciclo dei cambiamenti di grandezza. La sua scoperta permise di misurare con una certa precisione mai raggiunta prima la distanza relativa tra le stelle, attraverso un catalogo che la stessa Leavitt aveva realizzato per lo scopo. Per venticinque anni il metodo dell'astronoma britannica fu utilizzato per la misurazione delle distanze delle stelle cefeidi (stelle con un ciclo regolare dello splendore), considerate le "candele tarate" del cosmo. Una volta conosciuta la distanza tra noi è queste particolari stelle, si può indirettamente conoscere la distanza tra noi è le altre.

Non è tutto oro quello che luccica.

Il metodo Leavitt ha due problemi:
1. Funziona per distanze non troppo lontane a causa dell'impossibilita di vedere, con i telescopi attuali, oltre una certa distanza;
2. A elevate distanze il ciclo delle cefeidi cambia, come se si allontanassero dall'osservatore.

Il 20 novembre 1889 a Marshfield nel Missouri nacque Edwin Hubble (1889-1953), da molti considerato il più grande astronomo del novecento. Manifestò fin da subito una particolare inclinazione per la matematica e l'astronomia che gli valse un posto all'osservatorio Mount Wilson, in California. Come primo incarico gli fu affidato la ricerca di nove all'interno della Nebulosa di Andromeda. Appena si mise a esaminare le prime foto delle nove della Nebulosa, si rese conto di aver individuato una variabile cefeide. Utilizzando il metodo di misura della Leavitt, stimò la distanza della galassia di Andromeda in 900.000 anni luce. Valore che la colloca ben oltre il limite della Via Lattea (anche se oggi sappiamo che la distanza tra la Via Lattea e la Galassia di Andromeda è di circa 2.200.000 anni luce).

Nel 1929 aveva già determinato sia la distanza che l'effetto Doppler di una ventina di galassie. Fu a questo punto che fece una scoperta che avrebbe scritto il suo nome negli annali dell'astronomia: le galassie si allontanavano da noi con una velocità proporzionale alla loro distanza. In altre parole c'è una chiara correlazione lineare fra velocità di recessione e distanza. Lo spostamento verso il rosso, chiamato anche redshift, permise ad Hubble di computare la velocità di recessione, mentre per la distanza si avvalse della regola della Leavitt per le cefeidi.

Oggi chiamiamo "costante di Hubble" l'inclinazione della retta, mentre "Legge di Hubble" la correlazione lineare fra velocità di recessione e distanza.

Per avere un'idea di come l'universo si espanda, prendete un palloncino, disegnateci sopra dei punti con un pennarello e infine gonfiatelo. Noterete come i punti, prima vicini tra loro, si allontanino sempre di più. Immaginate ora che quei punti siano galassie con un diametro di migliaia di anni luce e che il palloncino sia l'universo nella sua interezza.

Le galassie che oggi possiamo vedere, un giorno si allontaneranno da noi a una velocità superiore a quella della luce, il che vuol dire che a un certo momento diventeranno invisibili. La luce che emetteranno non riuscirà ad avanzare fino a noi più veloce dell'espansione stessa. Queste galassie saranno scomparse dal nostro orizzonte.

Via via che la loro velocità di recessione si avvicina a quella della luce, lo spostamento verso il rosso della luce provenienti da questi oggetti aumenta sempre di più.

L'universo sta accelerando

Il 1998 può essere considerato l'anno in cui sono state presentate prove oggettive sull'espansione accelerata dell'universo. Durante l'American Astronomical Society tenutasi a Washington, tutti i fisici e gli astronomi che per anni lavoravano sull'argomento, poterono mostrare i loro risultati alla stampa.

Uno dei gruppi che si distinse sugli altri fu quello guidato dall'astronoma israeliana N. Bahcall, dell'università di Princeton; i loro risultati erano favorevoli all'ipotesi che la massa totale dell'universo non era sufficiente ad arrestarne l'espansione. Pioniere di tale ipotesi fu il fisico statunitense S. Perlmutter. L'anno prima pubblica i risultati sulla rivista Nature, grazie allo studio da lui condotto su otto supernove, che l'universo si espande più rapidamente che nel passato.

Durante l'assemblea la Bahcall (la prima astronoma a scoprire il primo sistema ottico a eclissi binaria, quella che oggi chiamano pulsar binaria), presentò i risultati ottenuti con diversi metodi al fine di pesare l'universo. Uno dei metodi più utilizzati prevedeva l'uso dell'effetto lente gravitazionale previsto da Einstein. Si osserva la luce di una galassia lontana che si incurva intorno a un'altra galassia più vicina a noi, e l'entità della deflessione da informazioni sulla massa di quest'ultima. Basandosi sui risultati ha concluso che la densità di massa dell'universo è solo il 20% di quella che sarebbe indispensabile per un rallentamento dell'espansione seguito da un collasso finale.

Adesso due domande sorgono spontanee: qual è la forza motrice dell'espansione sempre più veloce dell'universo? Dov'è la massa mancante? Non potendola vedere allora la massa deve essere invisibile, ma ci deve essere.

Gli astronomi la chiamano "materia oscura" visto che non si può vedere e tanto meno misurare direttamente, almeno con la tecnologia oggi disponibile, ma la strada è quella buona. Esistono gruppi di ricerca, cui fanno parte fisici di livello internazionale che si arrovellano il cervello allo studio di quello che molti chiamano ignoto. Producono molti fallimenti ma anche piccoli risultati che fanno ben sperare che un giorno finalmente si possa dare un senso al nulla.

Dio non gioca a dadi

Buchi neri

Il termine buco nero è stato introdotto per la prima volta dal fisico americano J. Wheeler nel 1969. L'appellativo di "nero" deriva dal fatto, o meglio dalla credenza, che tutto quello che oltrepassa il suo confine, luce compresa, sparisca da questo universo per finire chissà dove. Sappiamo che la luce, al contrario di quanto pensava Newton, possiede una caratteristica assai particolare in natura. A volte si comporta come un'onda, oppure come una particella, o come entrambi contemporaneamente. Questa dualità onda-particella è stata introdotta per la prima volta dalla meccanica quantistica, ma a oggi non è stato ancora possibile spiegare come faccia effettivamente la luce a presentarsi sotto una duplice forma.

Detto ciò, se la luce si comporta come una particella, allora deve risentire della gravità come un qualsiasi altro corpo, grande o piccolo che sia. Indipendentemente dalla sua velocità che come tutti sappiamo è un valore grande ma finito.

Dalle idee di Newton, un docente di Cambridge J. Michell, pubblicò nel 1783 un saggio in cui esponeva che una stella di massa e densità sufficientemente grandi avrebbe avuto un campo gravitazionale così forte da imprigionare la luce stessa al suo interno, impedendole di fuggire. Ammesso che la luce non possa uscire dal campo prodotto, la stella risulterebbe invisibile, visto l'impossibilità di emettere luminosità nello spettro visibile.

Una domanda sorge spontanea: come si forma un buco nero?

Come nasce una stella

Per capire come possa formarsi un buco nero, è necessario comprendere come nasce, cresce e muore una stella. Una stella si forma dall'aggregazione di gas interstellare (per la maggior parte idrogeno) a opera della forza gravitazionale. All'aumentare del materiale, gli atomi stessi entrano in collisione tra loro sempre più rapidamente. Fanno aumentare la temperatura del gas fino a quando gli atomi d'idrogeno, più leggeri non rimbalzano, ma si uniscono per formare elio (chiamata anche fusione).

Fino a quando una stella produce calore (derivato dalle reazioni nucleari che avvengono al suo interno) sufficiente a controbilanciare la forza di gravità, essa rimarrà stabile. Contrariamente a quanto verrebbe da pensare, una stella dotata di grande massa, cioè di maggior combustibile di una più piccola, lo esaurirà in breve tempo perché lo brucerà in fretta.

Quando una stella si contrae, le particelle vengono a trovarsi sempre più vicine l'una con l'altra. Perciò, secondo il principio di esclusione di Pauli (due particelle identiche non possono avere sia la stessa posizione che velocità) devono avere due velocità diverse. Di conseguenza esse si allontanano l'una dall'altra, cosicché la stella tende a espandersi. A tutto questo però c'è un limite: la teoria della relatività pone la velocità massima delle particelle materiali nella stella a quella della luce, non può essere superata. Significa che quando la stella diventa abbastanza densa, la repulsione causata dal principio di esclusione sarebbe meno intensa dell'attrazione gravitazionale.

Si deduce che se la massa di una stella è inferiore al limite di Chandrasekhar, essa può cessare di contrarsi e stabilizzarsi in uno stato finale sotto forma di nana bianca. Con una densità di centinaia di tonnellate per centimetro cubo.

Al contrario se una stella ha una massa superiore al limite di Chandrasekhar, si ottiene un fenomeno opposto: esplode proiettando intorno a se gran parte della propria materia. La perdita di peso della stella dovrebbe far si che, in qualche modo, si passi da un limite superiore a un limite inferiore di Chandrasekhar. Portando la stella stessa a perdere l'infinita lotta con la forza gravitazionale; dopo l'esplosione si assisterebbe a una implosione che ridurrebbe la stella a una nana bianca, più stabile.

Non sempre è così.

Nel grande disegno dell'universo nulla è come ce lo aspettiamo. Ogni volta che si pensa di aver trovato la soluzione a un problema, subito se ne presenta un altro più difficile del primo che vanifica tutto il lavoro fatto in precedenza.

L'uomo, che per primo risolse il dilemma di cosa sarebbe successo a una stella che avesse superato il limite critico, fu l'americano R. Oppenheimer nel 1939. Afferma che, secondo la relatività generale, il campo gravitazionale di una stella modifica i raggi di luce nello spazio-tempo. In particolare i coni di luce, che indicano le traiettorie dei lampi, passando in prossimità di della stella vengono deflessi verso l'interno. All'aumentare della contrazione della stella i coni di luce si incurvano sempre di più verso l'interno. Quando, raggiunto un certo raggio critico, il campo gravitazionale diventa così

Dio non gioca a dadi

intenso da rendere impossibile alla luce di uscire fuori dalla stella.

Il buco nero

Uno dei postulati fondamentali della relatività di Einstein, annuncia che niente può andare più veloce della luce. Quindi se nemmeno un raggio luminoso può sottrarsi all'immenso campo gravitazionale di una stella in fase di collasso, niente altro potrà farlo. Per questa ragione lo chiamiamo buco nero. Il limite di un buco nero, ovvero quella zona che divide il tutto dal niente è chiamata "orizzonte degli eventi". I raggi di luce sono quasi sul punto di riuscire a sfuggire verso lo spazio profondo.

Nessuno ha mai osservato una stella mentre collassa a causa della rapidità con cui l'evento si presenta, ma ne sono stati osservati gli effetti di tali fenomeni tramite il rilevamento di raggi gamma.

Però possiamo immaginare quello che vedremo se provassimo a varcare l'orizzonte degli eventi. Dalle equazioni della relatività generale, si evince che il tempo non è uguale per tutti: non esiste un tempo assoluto. Esso è diverso in ogni punto dello spazio a causa dell'interazione tra la gravità e lo spazio-tempo. Osservando un'astronave che si avvicina sempre di più all'orizzonte degli eventi, la vedremo gradualmente rallentare fino a fermarsi all'improvviso come in una fotografia. Perché la sua immagine fatta di luce, non riuscirà a uscirne fuori fino a rimanerne impressionata, non si sa se per sempre, nel guscio esterno del buco nero. Ipotizzando che l'astronave sopravviva alla tremenda forza gravitazionale che si pensa esista all'interno di un buco nero, vedrebbe lo spazio esterno muoversi normalmente. Visto che i raggi di luce possono facilmente entrare, non si accorgerebbe di aver superato l'orizzonte degli eventi.

Come osservare qualcosa che non si vede? Un modo c'è: misurandone gli effetti su ciò che lo circonda. Un buco nero che si rispetti deve esercitare una forza gravitazionale che interagisce con le stelle vicine, perturbandone l'orbita. Dall'osservazione di sistemi planetari doppi, tipo quello chiamato Cygnus X-1, si è visto come un gruppo di stelle ruoti attorno a una regione di spazio vuoto. Questo non vuol dire che ogni volta che non si vede niente debba per forza esserci un buco nero, può essere invece che in quella regione di spazio sia presente una stella troppo piccola per vederla.

Nel caso specifico di Cygnus X-1 la massa è circa sei volte quella del Sole. Una misura troppo grande secondo i limiti di Chandrasekhar, perché l'oggetto possa essere una nana bianca o una stella di neutroni; parrebbe proprio di trovarsi in presenza di un buco nero.

Nessuno però ha ancora trovato prove inequivocabili sui buchi neri, ne su come essi si formano e si evolvono. Si pensa che perfino nel centro della nostra galassia sia presente un buco nero con una massa centomila volte maggiore di quella del Sole.

Non tutto è perduto

Nel 1970 S. Hawking e R. Penrose ipotizzarono la natura del confine del buco nero. Formato dalle traiettorie nello spazio-tempo dei raggi di luce che per un non nulla non riescono a evadere dal buco nero, rimanendo per sempre intrappolati nel suo margine. Le loro traiettorie non si sarebbero potute incontrare, pena la caduta all'interno del buco nero. Si deduce che l'area dell'orizzonte degli eventi debba rimanere la stessa o possa altresì aumentare col tempo, ma mai diminuire.

Per spiegare tale comportamento, è utile ricorrere al concetto di entropia. Come sappiamo dagli studi di fisica delle scuole superiori, l'entropia misura il grado di disordine di un sistema. Nota anche come secondo principio della termodinamica, essa afferma che quando si uniscono due sistemi, l'entropia del sistema combinato è maggiore della somma delle entropie dei singoli sistemi. L'esempio più usato per dimostrare tale fenomeno, consiste in un recipiente suddiviso un due metà da una membrana rimovibile. Si introduce del gas solamente all'interno di una metà. Si misura l'entropia dell'intero recipiente (ricordate che da una parte non c'è niente). Si toglie il divisorio per far si che il gas occupi tutto il recipiente, per poi misurare di nuovo l'entropia del sistema finale. Le molecole del gas adesso hanno più spazio per muoversi, creando all'interno del recipiente maggior disordine di quello che aveva allo stato iniziale.

Qualora un corpo possieda un'entropia, allora deve avere una temperatura, e un buco nero non fa eccezione. Qualora abbia una temperatura, deve emettere una certa quantità di radiazione. Per comprendere questo semplice concetto basta immaginare di riscaldare una sbarra di metallo fino a renderla incandescente. Oltre a emettere una radiazione visiva brillando al buio, si percepisce anche la parte infrarossa come calore irradiato nello spazio circostante. Questa emissione di energia si rende necessaria per non violare il secondo principio della termodinamica.

Due cosmologi sovietici, Y. Zel'dovič ed A. Starobinskij, proposero in un loro articolo una teoria interessante: secondo il principio d'indeterminazione della meccanica quantistica, i buchi neri dovevano creare ed emettere particelle. I loro calcoli dimostravano che le particelle emesse erano le stesse di quelle di un corpo caldo, con una temperatura dipendente solo dalla sua massa, al ritmo giusto per impedire di violare la seconda legge. Si potrebbe dire che un buco nero non è poi così "nero"!

Come fa a emettere particelle se nulla gli può sfuggire, nemmeno la luce? La risposta non è poi così scontata, ma per comprenderla si rende necessario introdurre nuovi concetti, come le particelle virtuali e lo spazio vuoto.

Quando pensiamo allo spazio vuoto, sicuramente lo immaginiamo privo di stelle, galassie, praticamente senza niente, una massa di solo nero. Invece lo spazio non è vuoto, altrimenti nessun campo gravitazionale ed elettromagnetico che sia esisterebbe al suo interno (cioè il valore sia zero). Causa il principio di indeterminazione, che fissa una regola ben precisa tra posizione e velocità di una particella (tanto maggiore è la precisione del valore della velocità, tanto minore sarà la precisione del valore della posizione). Così nello spazio vuoto il campo non può essere fissato esattamente a zero, altrimenti conoscerei sia la velocità che la posizione; deve esserci una minima quantità d'incertezza.

Questa incertezza può essere immaginata come coppie di particelle che si formano spontaneamente per poi annichilirsi a vicenda, come se nulla fosse successo. Queste particelle virtuali sono simili a quelle che trasportano la forza gravitazionale, i dilatoni, che non possono essere viste in modo diretto ma possiamo percepirne la presenza indirettamente. Comunemente queste coppie particella-antiparticella si formano e si annichiliscono di continuo, e visto che non si può creare energia dal niente, una ha carica positiva mentre l'altra carica negativa. Cosa succede invece se una coppia si forma nei pressi dell'orizzonte degli eventi? Verrebbero ambedue attirate al suo interno, o una di esse si salverà? Rispondere a queste domande in modo diretto, cioè tramite accurate osservazioni è ancora impossibile. Visto che ancora non si è trovato un buco nero da osservare, ma almeno la matematica ci permette di teorizzare, e speriamo in futuro di confermare, ciò che succede nell'infinitamente piccolo.

Una particella reale in prossimità di un corpo di grande massa ha meno energia di quella che possederebbe se si trovasse a grande distanza, in quanto dovrebbe consumare energia per sottrarsi al campo gravitazionale. All'aumentare di esso succede una cosa alquanto strana. In situazioni normali una particella a energia negativa è relegata a essere una particella virtuale di breve vita, perché di norma nella realtà le particelle hanno sempre energia positiva. Però il campo gravitazionale all'interno di un buco nero è così forte che persino una particella reale può avere energia negativa. È possibile che vicino a un buco nero la particella virtuale con energia negativa cada all'interno e diventi reale, perdendo la necessità di annichilirsi con il proprio partner. Cosa succede all'altra particella, visto che ora hanno perso l'interazione che avevano tra di loro? Possono accadere un paio di cose: cadrà anche lei all'interno del buco nero oppure se ne andrà via verso lo spazio profondo.

A una prima impressione sembra che la particella sia stata emessa dal buco nero, invece viene dall'esterno di esso. Quanto più piccolo è il buco nero, tanto minore sarà la distanza che la particella con energia negativa dovrà percorrere prima di diventare una particella reale. Quindi la frequenza di emissione e la temperatura apparente avranno un valore maggiore.

L'energia positiva della radiazione in uscita sarebbe controbilanciata da un flusso di particelle negative che cadono nel buco nero. Secondo la famosa equazione di Einstein, $E=mc^2$, un flusso di energia negativa entrante nel buco nero ne riduce la massa. Questa riduzione di massa ha come conseguenza l'aumento di temperatura in un processo sempre più veloce e inarrestabile, fino a sparire rapidamente con una esplosione finale.

Se vi siete chiesti quale possa essere la temperatura di un buco nero, sappiate che è di qualche decimilionesimo di grado superiore allo zero assoluto (0 K). Basta pensare che la radiazione cosmica di fondo, considerata come l'eco del Big Bang, è di circa 2,7 K.

Dio non gioca a dadi

La cosmologia di stringa

Dalla fine del diciannovesimo secolo in poi, lo studio dell'infinitamente piccolo è stato protagonista di nuove e sensazionali scoperte. Si è cominciato a capire di cosa la materia sia composta, come poter usare questi "mattoni" per crearne artificialmente di nuova non esistente in natura. Di pari passo, anche la comprensione dell'infinitamente grande, ha seguito la stessa strada. Il susseguirsi d'innovazioni hanno permesso di definire con più precisione quello che prima era solo una teoria: come si è formato l'universo?

I due percorsi, quello dell'infinitamente grande e quello dell'estremamente piccolo, possono sembrare slegati tra loro. In realtà si incontrano in un momento ben preciso della storia: quando nei primi anni quaranta il cosmologo Fred Hoyle coniò il termine "Big Bang".

L'universo era nato da una grande e singola esplosione di energia, concentrata in un singolo punto. Da essa si sarebbe generata, quindici miliardi di anni fa, tutta la massa e l'energia presente oggi.

Negli anni settanta, sono state gettate le basi di quello che in futuro avrebbe avuto il nome di "modello cosmologico standard", cioè la descrizione completa e soddisfacente dello stato attuale del nostro universo. Non solo: il modello standard può essere esteso anche al passato del nostro universo per spiegare l'origine degli elementi, chiamata nucleosintesi, a partire dal brodo primordiale di materia. Si è aggiunto poi il "modello inflazionistico", definito da molti il completamento naturale del modello co-

Dio non gioca a dadi

smologico standard. Esso tenta di spiegare come si sono formati gli enormi ammassi di materia presenti nell'universo.

In definitiva cos'è il Big Bang?

Probabilmente, una grande esplosione che ha avuto come conseguenza la rapida emissione di energia e particelle, il tutto avvenuto a temperature elevatissime, per poi raffreddarsi e dar vita al processo di bariogenesi.

Questa interpretazione è stata però messa in discussione negli ultimi anni. Studi recenti hanno messo in evidenza che la materia, quando si trova in condizioni di alta energia, si comporta in modo completamente diverso come quando è allo stato macroscopico ordinario. La materia infatti può assumere forme esotiche, di tipo filiforme, occupando porzioni di spazio che diventano sempre più estese all'aumentare dell'energia. Inoltre all'aumentare dell'intensità delle varie forze aumenta il numero delle dimensioni che lo spazio può avere. La dimensionalità dello spazio-tempo non è più rigida, ma diventa anch'essa una variabile dinamica.

Alla luce di questi fatti, si può pensare che l'universo in prossimità del Big Bang si trovava in uno stato molto diverso da quello attuale, forse anche da quello previsto dal modello cosmologico standard. Oltre a essere più caldo, denso e curvo di quello attuale, l'universo aveva al suo interno oggetti esotici come membrane e stringhe il tutto in uno spazio multidimensionale.

Il Modello Cosmologico Standard

Per descrivere l'interazione gravitazionale che i pianeti, le galassie, gli ammassi esercitano tra loro, occorre usare la relatività generale di Einstein. Alcuni si chiederanno perché non usare la legge di Gravitazione Universale di Newton che si impara a scuola, che risulta in effetti più facile da calcolare? Risposta semplice: la teoria di Newton è definita non-relativistica, valida cioè solamente per velocità ed energie relativamente piccole. Questo significa che il potenziale gravitazionale deve essere molto piccolo rispetto al quadrato della velocità della luce, affinché la teoria newtoniana sia valida.

In passato si è tentato di generalizzare la Legge di Newton ma con scarsi risultati. Si deve alla Relatività Generale di Einstein l'aver coperto la lacuna della legge newtoniana che teneva conto solo degli osservatori inerziali (cioè quelli in moto rettilineo e uniforme). Includendo osservatori che si trovano in moto accelerato. Infatti il principio di "covarianza generale" (secondo il quale le leggi della fisica sono invarianti per tutte le trasformazioni di coordinate) deve essere valido per tutti i sistemi di riferimento.

Il concetto di covarianza generale porta con se un notevole e radicale cambiamento sulla conoscenza della struttura dell'universo; esso non è più rigido ed euclideo, ma diventa deformabile non-euclideo e curvo.

Qui sorgono i primi problemi.

Nello spazio di tipo euclido, il quadrato della distanza tra due punti è data dalla somma dei quadrati delle distanze lungo i vari assi cartesiani (conosciuto anche come Teorema di Pitagora). Questo principio è valido per un sistema di riferimento inerziale, e rimane efficace per qualsiasi trasformazione di coordinate che portano a qualunque altro sistema di riferimento. Non è più valido se la trasformazione porta a un sistema di riferimento accelerato. In questo sistema per ottenere la distanza tra due punti, bisogna prendere i quadrati delle distanza lungo gli assi, e prima di sommarli vanno moltiplicati per le funzioni che dipendono dalle nuove coordinate, che costituiscono la metrica dello spazio-tempo.

Il legame tra curvatura e gravità rappresenta la vera svolta della teoria einsteiniana: in uno spazio curvo i corpi seguono traiettorie curve, il loro moto devia dalla linea retta come se fossero sottoposti a delle forze. La geometria sarà piatta in assenza di sorgenti gravitazionali, altrimenti curva in loro presenza; le equazioni della Relatività Generale esprimono proprio la relazione tra la curvatura dello spazio-tempo e le proprietà fisiche dei corpi materiali.

Adesso il discorso si complica un po'.

Come noto dalla Relatività Ristretta, il tempo sembra fluire con ritmi diversi relativamente ha osservatori che si muovono a velocità diverse (il paradosso dei gemelli). In uno spazio curvo però, ci può essere un rallentamento del tempo anche tra due punti diversi e fermi. È possibile perché la metrica di Riemann deformi non solo gli intervalli spaziali, ma anche quelli temporali. Nei punti in cui il campo gravitazionale differisce, allora anche la metrica sarà, di conseguenza la distorsione relativa dell'intervallo di tempo euclideo risulterà differente.

Confrontando il tempo nei due differenti punti si nota chiaramente un rallentamento relativo, che risulta tanto maggiore quanto più curvo è lo spazio

Dio non gioca a dadi

(ovvero all'aumentare del campo gravitazionale si ottiene un aumento della distorsione).

Questa proprietà trova riscontro in un effetto noto come redshift, o spostamento verso il rosso, che caratterizza ogni oggetto presente nello spazio. Se si osserva un ammasso spaziale per un lungo periodo, si nota che il suo colore tenderà sempre di più verso il rosso dello spettro visibile, cioè verso una lunghezza d'onda sempre più ampia e una frequenza sempre più bassa.

Posto che la Relatività Generale sia valida per l'universo finora conosciuto, allora diventa possibile ricostruirne la storia passata, spingendosi fino al momento della sua nascita. Questa costruzione teorica (ancora non si sono trovate prove certe) prende il nome di "modello cosmologico standard", o MCS.

Oltre che a basarsi sulle equazioni della Relatività Generale, l'MCS fa uso di altri due assiomi fondamentali. Il primo è che a distanze sufficientemente grandi, sia l'universo che le sue componenti si possano descrivere con una geometria omogenea e isotropa, mentre la seconda si suppone che le particelle si comportino come un gas perfetto e che la radiazione sia in equilibrio termico (cioè distribuita sulle varie frequenze dello spettro di un corpo nero ideale).

Sono ipotesi semplicistiche, ma permettono di risolvere le equazioni di Einstein per determinare l'evoluzione della geometria dell'universo e della sua densità di energia. Il risultato parla chiaro: la densità di energia della materia varia in modo inversamente proporzionale al volume, e quindi al cubo del raggio spaziale R, mentre la radiazione varia in modo inversamente proporzionale alla quarta potenza del raggio.

Indietreggiando nel tempo si vede che l'energia della radiazione tende a crescere rispetto a quella della materia, fino all'istante in cui le due energie si equivalgono, detto "tempo di equilibrio".

Secondo il modello standard, l'universo è caratterizzato da due fasi: la fase iniziale dominata dalla radiazione, mentre la secondaria comandata dalla materia (quella in cui viviamo oggi). Questo ci porta a predirne lo sviluppo futuro una volta nota la densità e l'equazione di stato (il rapporto tra pressione e densità di energia). Essa ci mostra due possibili soluzioni. 1) se la densità è inferiore a un certo valore critico (che dipende dal valore attuale della costante di Hubble), allora lo spazio tridimensionale deve avere una curvatura costante ma negativa, detta iperbolica, e l'espansione continuerà per sempre all'infinito, finché lo spazio-tempo non sarà completamente vuoto e piatto. 2) se la densità sarà invece superiore al valore critico, avrà una curvatura costante e positiva come quella di una sfera. L'espansione decelererà fino a fermarsi per poi subire una contrazione e collassare verso una singolarità finale.

Contrariamente a quanto predetto dal modello cosmologico standard, l'universo si sta espandendo in modo accelerato. Il valore del raggio spaziale R avrà un valore pressoché nullo (una forma piatta), e non sarà dominato dalla materia, ma da una sostanza di tipo esotico con una pressione diversa da zero e negativa, responsabile dell'accelerazione.

Una nuova teoria

Tutte le teorie della fisica classica, e la Relatività Generale non fa eccezione. Esse godono di un'importante proprietà di simmetria temporale, secondo la quale tutti i processi descritti dalla teoria sono invarianti per inversione del tempo. Questo vuol dire che esistono sia soluzioni all'equazione di una particella che si muove con moto accelerato verso destra, sia soluzioni all'equazione di una particella che si muove con moto decelerato verso sinistra. Considerando l'intero universo invece di una singola particella, si deduce che se ne esiste uno in espansione accelerata deve esisterne uno in contrazione decelerata, almeno in teoria.

Va detto che le soluzioni dell'equazione cosmologica non devono presentarsi necessariamente in natura, solo perché i conti tornano; dimostrare teoricamente la presenza di un anti-universo è ben lontana da una possibile dimostrazione sperimentale. Forse in un lontano futuro qualcuno scoprirà se esistono davvero universi in cui le leggi della fisica funzioneranno al contrario.

Il modello cosmologico standard si applica splendidamente al macrocosmo, cioè quando si tengono in considerazione intere galassie formate da miliardi di pianeti. Però quando si cerca di applicarlo al microcosmo (l'infinitamente piccolo), i concetti espressi fin ora, non sono sufficienti a descrivere i vari fenomeni osservati a livello quantistico. Le definizioni di posizione e velocità introdotte dalla fisica classica perdono di valore a causa del principio d'indeterminazione di Heisenberg, punto nevralgico della meccanica quantistica.

Sembra invece che una nuova ipotesi, chiamata "teoria delle stringhe", riesca a unificare tutte le forze della natura compresa la gravità. La teoria è basata su elementi a forma di stringa (dove una dimensione prevale sulle altre due), invece che su strutture puntiformi tipici della fisica classica.

Oltre alla simmetria per inversione temporale, la teoria delle stringhe gode di un'altra proprietà fondamentale: la cosiddetta dualità. All'esistenza di una soluzione alle equazioni che usano come parametro il raggio R, allora ne esistono che utilizzano l'inverso (1/R).

Per realizzare la simmetria duale, si rende necessaria l'introduzione di un nuovo tipo di forza, trasmessa da una nuova particella neutra e scalare (senza carica elettrica e senza momento angolare), chiamata dilatone. A prima vista il dilatone non sembra avere grande importanza in una teoria che, per principio, scarta l'idea di considerare le particelle come punti indefiniti e senza massa. Invece è proprio grazie a questa particella che la costante universale di Newton G può cambiare.

Una costante che cambia? Sì.

Operando una trasformazione duale e cambiando il dilatone, si può cambiare il valore di G. La costante di Newton perde così il suo ruolo di costante fondamentale della natura, e la teoria descrive nuove realtà in cui il valore di G non è quello calcolato oggi, ma che può essere variabile da un punto all'altro dell'universo. Tutto per colpa delle stringhe. Cosa sono le stringhe?

Immaginarsele è facile: sembrano tanti nastri di stoffa che fluttuano nello spazio vuoto con una dimensione che rasenta l'inimmaginabile, ben 10 alla

Dio non gioca a dadi

meno 32 cm (circa dieci lunghezze di Planck). Vi sono due tipi di corde, quelle con due estremità aperte e quelle chiuse su se stesse, di cui le seconde più rare delle prime.

Un'altra particolarità delle stringhe è la loro forte interazione con la gravità. La teoria quantistica di una stringa prevede l'esistenza dei quanti dell'interazione gravitazionale, i gravitoni, cioè particelle senza massa che trasportano la forza gravitazionale. A causa della loro natura non-puntuale, le stringhe si prestano in modo splendido a essere descritte dalla meccanica quantistica, dove invece essa incontra degli ostacoli nella fisica classica; una corda non è un'entità statica, ma si muove tutto attorno al suo baricentro come un elastico, possedendo quindi una propria energia cinetica di traslazione. La meccanica quantistica, come detto poc'anzi, permette una miglior descrizione del fenomeno, ma non è esauriente. Il perché è da ricercare sul fatto che si possono misurare solo valori discreti per l'energia e il momento angolare, tralasciando il concetto che una stringa è composta da vibrazioni (particelle senza massa ma dotate di momento angolare intrinseco), da cui scaturiscono fotoni che trasportano la forza elettromagnetica, e da gravitoni che trasportano la forza gravitazionale.

Da questo fatto, si deduce che le costanti fondamentali conosciute in natura non hanno più il loro valore fisso, esse diventano variabili dinamiche che variano al variare di alcuni campi principali (come il dilatone).

Allora se il dilatone varia da punto a punto dell'universo facendo variare a sua volta il valore della gravità locale, che dovrebbe essere costante secondo il modello cosmologico standard, che valori poteva avere al momento della nascita dell'universo? È le stringhe come si sarebbero comportate in uno spazio con una curvatura minore?

Per fare un'ipotesi puramente teorica, proviamo a dividere la lunghezza di stringa per la velocità della luce, per calcolare l'istante in cui il raggio di curvatura coincide con la lunghezza di stringa. Si ottiene un numero estremamente piccolo, pari a 10 alla meno 42 secondi, uguale a dieci volte il tempo elementare di Planck.

A cosa porta questo risultato? Almeno in teoria l'universo non ha avuto origine da una dimensione infinitesima, dal niente come hanno profetizzato in tanti, ma è scaturito tutto da una lunghezza finita anche se piccolissima.

Per completare, esporrò ora utilizzando solo poche righe, che la teoria delle stringhe non sia il Santo Graal dell'astronomia. Visto che essa considera gli oggetti più piccoli finora conosciuti (sarebbe meglio dire ipotizzati) dalla fisica, è possibile che ne esista un'altra che tenti di unificare le forze fondamentali che regolano l'universo.

Le super-stringhe

Le stringhe per dar luogo a una teoria anche a livello quantistico, devono necessariamente vibrare in uno spazio-tempo multidimensionale. La vibrazione avviene in uno spazio-tempo ordinario dotato di ventisei dimensioni; la presenza di tutte queste dimensioni si rende necessaria per far sì che la teoria, una volta quantizzata, non dia luogo a probabilità negative.

Si ottiene così una nuova teoria chiamata delle super-stringhe, che a differenza delle stringhe vibrano in uno spazio-tempo deca-dimensionale, composto cioè da una coordinata temporale e da nove coordinate di tipo spaziale. Di queste nove, tre sono quelle che formano il nostro spazio ordinario, mentre le altre sei arrotolate su se stesse e compresse in volumi così piccoli da risultare invisibili (anche a gli esperimenti finora condotti), contengono le simmetrie necessarie a riprodurre le interazioni osservate.

Dio non gioca a dadi

Il domani è già ieri

Dio non gioca a dadi

Perché gli esseri viventi ricordano il passato ma non il futuro? Sarebbe bello conoscere in anticipo il risultato di una partita per scommetterci sopra, sicuri di vincere. Ipotizzando di ricordare il futuro, saremmo uomini senza un passato; ricorderemmo la nostra morte ma non la nostra nascita, gli eventi passati diventerebbero il nostro "futuro". Da queste teologiche affermazioni si evince che la direzione del tempo, come noi la conosciamo ha un solo senso: quello che S.W. Hawking chiama "freccia del tempo", che scorre dal passato verso il futuro.

Però le leggi della fisica non distinguono tra passato e futuro. Possono indipendentemente essere applicate ottenendo gli stessi risultati (al tempo degli antichi romani, le leggi sulla gravitazione universale avevano la stessa validità di quelle attuali). Più precisamente esse rimangono invariate, per la fisica quantistica, quando si usano le tre combinazioni possibili definite come T, P e C. T indica l'inversione del moto delle particelle (il procedere all'indietro). P indica l'assunzione dell'immagine speculare (la destra e la sinistra risultano invertite), mentre C indica lo scambio tra particelle e antiparticelle.

Matematicamente se si prendono le operazioni C e P da sole, un Universo speculare fatto di antimateria, ed esse risultassero vere è probabile che, inserissimo anche T, il risultato sia sempre valido. Invece cosa succederebbe se considero l'operazione T presa da sola? La direzione delle particelle si inverte, invertendo di conseguenza anche la direzione del tempo. Questa conseguenza è una palese dimostrazione di come alle volte la fisica teorica entri in contraddizione con le osservazioni della vita quotidiana.

Se guardo un bicchiere cadere per terra, esso si romperà spargendo i pezzi tutt'attorno. Difficilmente vedrò il bicchiere che si ricompone e torna sul tavolo. Per ottenere una cosa del genere, dovrei filmare la scena della rottura del bicchiere e mandarla a ritroso, ma chiunque si accorgesse che non sta vedendo la realtà.

Per spiegare perché non si vedranno mai bicchieri ricomporsi spontaneamente, si tira in ballo il secondo principio della termodinamica. Esso ci dice che il disordine (o entropia) è destinato ad aumentare. Il tempo, così come lo conosciamo, scorre in una sola direzione (ovvero dal passato verso il futuro), anche l'entropia deve necessariamente seguire la medesima direzione.

La freccia del tempo

l cosmologo più famoso di tutti i tempi S.W. Hawking, autore di numerose e fortunate pubblicazioni sulla cosmologia, nel suo libro "La Teoria del Tutto", identifica tre particolari stadi, o frecce del tempo, e ne spiega la relazione tra di loro. Esso scrive:

«L'aumento del disordine, o entropia, al passare del tempo costituisce un esempio della cosiddetta freccia del tempo, ossia qualcosa che, distinguendo il passato dal futuro, dà al tempo una precisa direzione. Esistono almeno tre diverse frecce del tempo. In primo luogo c'è la freccia del tempo termodinamica, che indica la direzione del tempo in cui il disordine o entropia viene ad aumentare. C'è poi la freccia del tempo psicologica, cioè la direzione in cui noi percepiamo il passaggio del tempo, ricordando il passato ma non il futuro. E c'è infine la freccia del tempo cosmologica, che è la direzione del tempo in cui l'universo si espande anziché contrarsi.

La tesi che sosterrò è che la freccia psicologica è determinata da quella termodinamica è che queste due frecce puntano sempre nella stessa direzione. Se assumiamo che l'universo non abbia confini, esse sono poi legate alla freccia cosmologica del tempo, anche se non è necessario che puntino sempre nella stessa direzione.»
S.W. Hawking, *La Teoria del Tutto*, ed. BUR, pp.137-138

Cominciamo col trattare la freccia termodinamica. Il secondo principio della termodinamica ci dice che uno stato ordinato è destinato a diventare disordinato al passare del tempo. Una roccia appare compatta e solida, ma dategli il tempo necessario e torna polvere. Pensate se non esistesse l'erosione, le montagne crescerebbero a dismisura fino a quando il loro peso le farebbe collassare su se stesse. Ovunque gettassimo lo sguardo, dai processi fisici più elementari a quelli più complessi, l'entropia del sistema è destinata ad aumentare; in altre parole l'universo sta diventando sempre più caotico.

Come descritto nei capitoli precedenti, l'universo si sta espandendo a una velocità prossima a quella della luce, incrementando le sue dimensioni ogni minuto che passa. Pensare che anche la sua entropia aumenti è alquanto contraddittorio. Posto che l'Universo si espanda fino all'infinito, la sua densità sarebbe sempre più prossima allo zero. Ciò significa che tutta la materia presente formerebbe uno stato più ordinato di quello di partenza, contraddicendo il secondo principio della termodinamica e questo produrrebbe dei risultati alquanto divertenti. Supponete di vivere questo momento d'inversione degli stati del tempo: il caos è destinato a diventare ordine e voi ricordereste il futuro invece che il passato!

Passiamo adesso a parlare della freccia psicologica. Fondamentalmente concepiamo il tempo come un flusso avente una precisa direzione: dal passato verso il futuro, e non potrebbe essere diversamente. Il processo attraverso il quale ricordiamo il passato (l'immagazzinamento di un ricordo nelle aree apposite del cervello), fa aumentare l'entropia del sistema. Per operare lavoro, il nostro organismo ha consumato energia, di cui una parte trasformata in calore proveniente dagli alimenti.

Dio non gioca a dadi

Il sistema a sua volta, cede parte di questa energia all'universo, incrementandone il caos.

Definire che la "freccia psicologica segue quella termodinamica", può sembrare un concetto astratto, ma sostanzialmente è coerente con le osservazioni. Come predetto e confermato dalla teoria quantistica che l'entropia dell'universo è destinata ad aumentare, e l'unico modo in cui viviamo il tempo è dal passato verso il futuro. Siamo d'accordo con quanto afferma S.W. Hawking.

Se l'uomo troverà un nuovo modo di percepire il tempo, magari buttandosi dentro un buco nero e sopravvivere per raccontarlo, allora potremo contraddire l'affermazione del più grande cosmologo vivente. Dimostrandogli, almeno per una volta, che si sbaglia.

Dio non gioca a dadi

La teoria del tutto

Dio non gioca a dadi

Negli ultimi cinquant'anni, una nutrita generazione di cosmologi si è affannata nella ricerca, sempre se esista, di una teoria che inglobasse tutte e quattro le forze fondamentali della natura. La gravità, la forza nucleare debole, la forza nucleare forte, forza elettromagnetica.

Qualora venisse trovata, questa teoria descriverebbe i primissimi istanti della creazione dell'universo, quando ancora era formato solamente da energia pura, all'istante zero chiamato "tempo di Planck"(10 alla meno 44 secondi).

Anche se adesso sappiamo molto di più sull'universo, nessuno è mai riuscito a unire efficacemente la gravità alle altre tre forze. Sembra che essa sfugga a ogni teoria che viene proposta, non si riesce a combinarla senza che le condizioni al contorno la rendano vana.

Quando Dirac mostrò la sua equazione d'onda dell'elettrone, si pensava che della fisica di lì a breve si sarebbe trovata la fine: l'equazione finale che descrivesse l'operato di Dio. Solamente dopo ci si accorse che la soluzione d'onda di Dirac risultava piuttosto semplice, se si considerava l'atomo d'idrogeno, con un solo elettrone. All'aumentare degli elettroni però, il calcolo si complica in modo esponenziale, tanto da renderlo impossibile per un atomo che ne contenga più di cinque.

Tutte le varie sotto-teorie formulate per cercare di unificare la gravità, fanno pensare che una "teoria del tutto" vera e propria non esista. Infatti, viene logico pensare a tre condizioni:

1. Non esiste nessuna teoria che metta in relazione le quattro forze fondamentali della natura;
2. Esistono delle teorie parziali che si susseguono, ma non entrano in relazione tra loro;
3. La teoria esiste, ma attualmente mancano sia gli strumenti matematici che tecnologici per individuarla.

A ora sembra che la seconda ipotesi sia la più promettente, visto i risultati ottenuti. Si attende il momento che un uomo (o donna che sia), esca con l'idea che cambi il modo che abbiamo ora di vedere l'universo. Si apriranno porte fino ad allora chiuse, si delineeranno strade che nessuno mai avrebbe pensato di percorrere.

Un giorno forse, capiremo se Einstein aveva ragione quando diceva: "Dio non gioca a dadi".

Indice

Prefazione **5**

Una nuova fisica **7**

Il corpo nero *9*
Il principio di indeterminazione *11*
Un nuovo atomo *13*

I pilastri della fondazione **15**

Piccoli nuovi mondi: I Quark *19*
Unità indivisibili *21*
Il momento angolare *23*

Relatività **27**

Inizia la rivoluzione *31*
Una nuova metrica *35*
Il problema della costante cosmologica *39*
La prova *41*
Un importante risultato *47*

La geometria di Dio **49**

La geometria di Euclide *51*
Il quinto postulato *53*
La geometria dello spazio-tempo *55*
L'universo in espansione *57*
L'universo sta accelerando *61*

Buchi neri **63**

Come nasce una stella *67*
Il buco nero *71*
Non tutto è perduto *73*

La cosmologia di stringa 77

Il Modello Cosmologico Standard 81
Una nuova teoria 85
Le super-stringhe 89

Il domani è già ieri 91

La freccia del tempo 95

La teoria del tutto 99